NOUVELLES EXPÉRIENCES

SUR L'HYBRIDITÉ

DANS

LE RÈGNE VÉGÉTAL

FAITES PENDANT LES ANNÉES 1863, 1864 ET 1865

PAR

D.-A. GODRON

Docteur en médecine et docteur ès-sciences,
Doyen de la Faculté des Sciences de Nancy, Directeur du Jardin des Plantes
Officier de la Légion d'Honneur,
Correspondant du Ministère de l'Instruction publique,
Ancien Directeur de l'Ecole de Médecine de Nancy,
Ancien Recteur à Montpellier et à Besançon.

NANCY

Ve RAYBOIS, IMPRIMEUR DE L'ACADÉMIE DE STANISLAS

Rue du faubourg Stanislas, 3

1866

NOUVELLES EXPÉRIENCES

SUR L'HYBRIDITÉ

DANS

LE RÈGNE VÉGÉTAL

FAITES PENDANT LES ANNÉES 1863, 1864 ET 1865

PAR

D.-A. GODRON

Docteur en médecine et docteur ès-sciences,
Doyen de la Faculté des Sciences de Nancy, Directeur du Jardin des Plantes
Officier de la Légion d'Honneur,
Correspondant du Ministère de l'Instruction publique,
Ancien Directeur de l'Ecole de Médecine de Nancy,
Ancien Recteur à Montpellier et à Besançon.

NANCY

Ve RAYBOIS, IMPRIMEUR DE L'ACADÉMIE DE STANISLAS

Rue du faubourg Stanislas, 3

1866

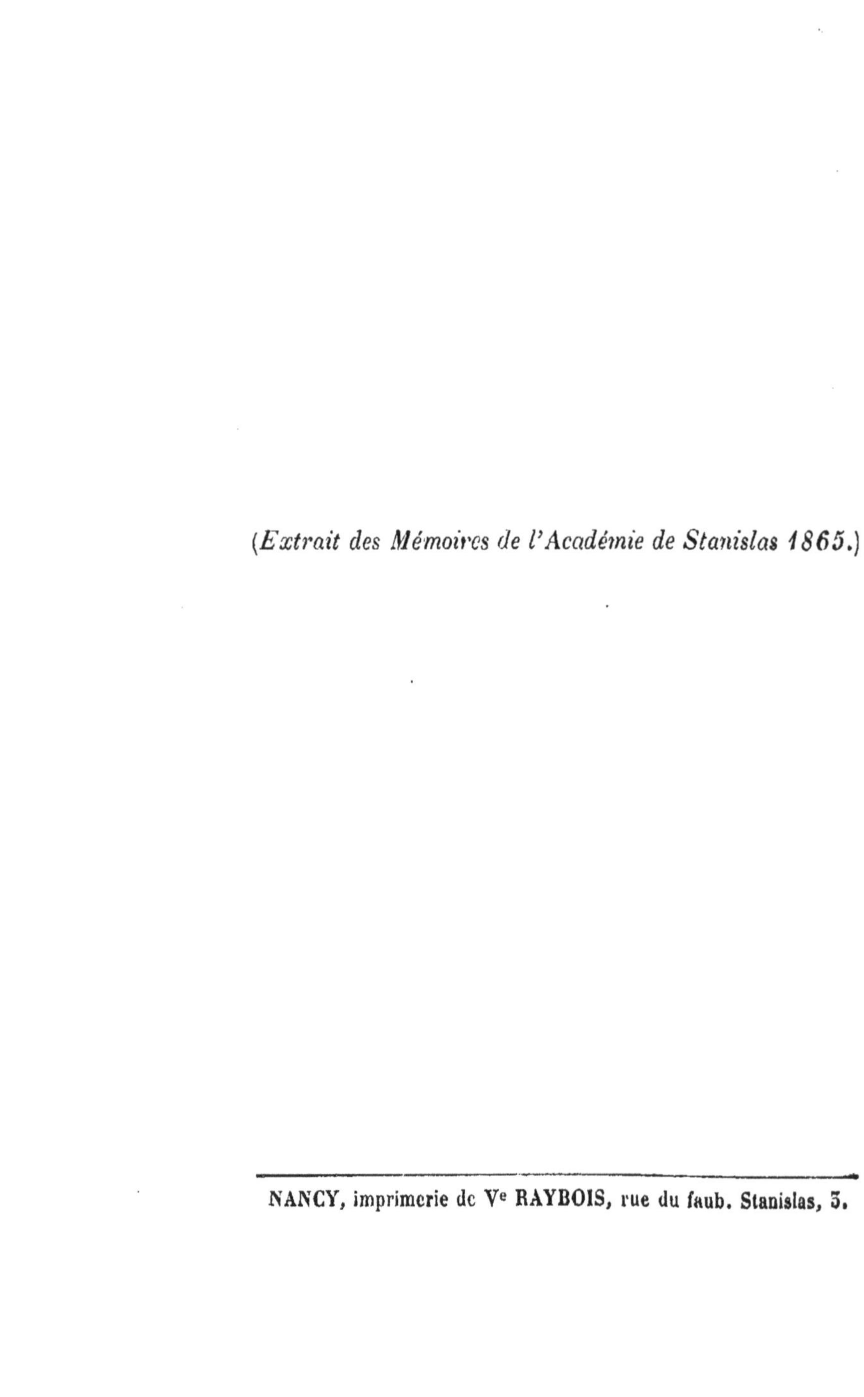

(*Extrait des Mémoires de l'Académie de Stanislas 1865.*)

NANCY, imprimerie de Ve RAYBOIS, rue du faub. Stanislas, 3.

NOUVELLES EXPÉRIENCES

SUR L'HYBRIDITÉ

DANS

LE RÈGNE VÉGÉTAL

Faites pendant les années 1863, 1864 et 1865

Dans mes premières expériences sur l'hybridité, dont j'ai consignés les résultats dans un Mémoire présenté à l'Académie des Sciences pour le concours de 1862 et qu'elle a bien voulu récompenser par une mention très-honorable (1), j'ai soutenu l'opinion que les hybrides, provenant du croisement de deux espèces incontestablement distinctes, sont stériles par eux-mêmes (2) et ne peuvent devenir fertiles que par une nou-

---

(1) Godron, dans les *Annales des sciences naturelles*, 4e série, t. 19 (1863), p. 158 et dans les *Mémoires de l'Académie de Stanislas* pour 1862, p. 232.

(2) Le résultat des expériences faites par Knigt (*Observations on hybrids*, in *Transactions of the horticultural Society of London*, t. 4, p. 367 et suivantes), et par Lindley (*Digitalium mono-*

velle fécondation déterminée par l'action du pollen des parents, soit que cette poussière fécondante soit déposée sur leur stigmate par la main de l'homme, soit par l'intervention si active des hyménoptères. Je n'ignorais pas que Kœlreuter, dans ses belles expériences, a obtenu quelques hybrides qui dès la première génération se sont montrés plus ou moins fertiles; mais il ne les isolait pas des parents, ce qui était indispensable pour démontrer qu'ils peuvent être parfois féconds par eux-mêmes. Il les rendait facilement fertiles en les soumettant à une nouvelle fécondation artificielle, comme, à son exemple, je l'ai fait un grand nombre de fois. A l'époque où j'ai rédigé le mémoire dont il est ici question, je n'avais obtenu d'hybrides fertiles qu'en les abandonnant au milieu des parents ou en recourant une seconde fois à la fécondation artificielle. Comme, dans un jardin des plantes, il est difficile de soustraire un hybride cultivé en plein air à l'action du pollen de ses ascendants, ou même des espèces congénères, comme mes expériences sur les hybrides de *Linaria* m'en ont convaincu, j'ai dû rechercher les moyens de les préserver d'une manière absolue de

---

graphia Londini, 1821, in-f° p. 5 et suivantes), avaient conduit aussi ces deux auteurs à la même conclusion. Comme moi dans mes premières fécondations, ils n'avaient obtenus que des hybrides absolument stériles par eux-mêmes.

toute influence étrangère à eux-mêmes. J'ai poussé les précautions jusqu'à emprisonner des grappes de fleurs dans de larges manchons de tulle et les hybrides, peu nombreux il est vrai, que j'ai condamnés à cette rigoureuse séquestration, sont restés constamment stériles.

Je procède aujourd'hui tout autrement : je laisse mes hybrides en parfaite liberté dans un jardin particulier, que je cultive moi-même pour éviter toute intervention indiscrète et qui est éloigné du jardin des plantes par toute l'étendue de la ville de Nancy; c'est là que mes hybrides vivent en plein air et complétement isolés de leurs parents et des plantes du même genre. C'est ainsi que j'ai agi dans les trois dernières années et ce sont les résultats obtenus dans de semblables conditions que je me propose de faire connaître dans ce travail, relativement à la fécondité et à la stérilité des hybrides.

Dans un mémoire (1), que j'ai publié l'année dernière (1864), j'ai cherché à démontrer que les *Datura Stramonium L.*, *Tatula L.*, *Bertolonii Parl.* et une forme nouvelle de *Datura* à fruits inermes, née au jardin de Nancy du *Datura Tatula* ordinaire, n'étaient que des races d'un seul et même type spécifique, et je

---

(1) Godron, *Observations sur les races du Datura Stramonium*, dans les *Mémoires de l'Académie de Stanislas* pour 1864, p. 207.

me suis appuyé, entre autres motifs, pour admettre cette opinion, sur ce que les produits du croisement de ces différentes formes l'une par l'autre sont éminemment fertiles, tout autant que cela se voit dans les espèces légitimes fécondées par leur propre pollen. J'ai obtenu, en outre, les résultats suivants : 1° les métis sont revenus, dès la première génération, onze fois complétement au type mâle et deux fois au type femelle; 2° toutes les graines sorties d'une même capsule m'ont donné la même forme, exclusivement le type mâle ou exclusivement le type femelle. J'étais d'autant plus curieux de constater ce que deviendraient ces métis à la seconde génération, que M. Naudin a observé sur ces végétaux des faits extrêmement intéressants.

Je vais tout d'abord exposer les faits qui se sont produits, cet été, au jardin des plantes de Nancy, où j'ai cultivé ces métis de seconde génération.

1° — Un métis obtenu par la fécondation du *Datura Bertolonii* par le pollen du *Datura Tatula capsulis spinosis* ressemblait complétement au type paternel et ses capsules étaient remplies de graines. Celles-ci semées en 1865 ont donné naissance à la fois à des pieds de *Datura Tatula capsulis spinosis*, de *Datura Tatula capsulis inermibus*, et de *Datura Stramonium*. Le type femelle seul n'a pas été reproduit, tandis que deux formes qui n'étaient pas intervenues dans le croisement se sont montrées dans les produits.

2° — La fécondation du *Datura Stramonium* par le *Datura Tatula capsulis spinosis* m'a donné des pieds de tous points semblables au type mâle ; seulement sur un individu pourvu de capsules complétement épineuses sur toute leur surface, il s'est montré deux capsules pourvues d'épines sur deux valves, les deux autres restant lisses (1) et une troisième capsule n'en montre que dans l'étendue d'une valve (2). Les graines d'une des capsules demi-épineuses ont été semées en 1865 ; il en est né des pieds de *Datura Stramonium*, de *Datura Bertolonii*, de *Datura Tatula capsulis inermibus* et de *Datura Tatula capsulis regulariter spinosis*. Les graines d'une même capsule ont donc reproduit exactement les quatre formes que j'ai considérées comme des races d'un même type spécifique et n'est-ce pas une nouvelle preuve qui vient confirmer pleinement, ce nous semble, l'opinion que nous avons admise à cet égard, en nous appuyant sur un autre ordre de considérations. L'anomalie présentée dans la distribution des épines sur la capsule qui a fourni les graines, ne s'est pas reproduite.

3° — Un métis provenant de la fécondation du *Datura*

---

(1) M. Naudin a observé avant moi plusieurs faits du même genre, mais dans un croisement entre le *Datura Stramonium* et le *Datura lævis Bert.* (*Datura Bertolonii Parl.*)

(2) Ces capsules anormales ont été déposées au musée d'histoire naturelle de Nancy.

Tatula capsulis spinosis par le pollen du *Datura Tatula capsulis inermibus* reproduisait exclusivement cette dernière forme. Ses graines semées en 1865 ont donné des pieds absolument semblables aux deux formes génératrices, mais en outre à plusieurs pieds de *Datura Bertolonii.* Ainsi les deux éléments qui sont intervenus dans le croisement étaient des *Datura* à tiges et à nervures des feuilles brunes, à corolles et à anthères violettes et cependant il en est provenu du *Datura Bertolonii* à tiges et à feuilles vertes, à corolles et à anthères blanches. N'est-il pas permis d'en conclure que la couleur n'est pas un caractère spécifique dans les *Datura?* Que si ces couleurs particulières à chacune des quatre formes végétales dont il est ici question, se reproduisent habituellement chez elles, le métissage détruit cette constance et l'on est conduit à penser qu'elles proviennent d'un même type primitif. Mais quel est ce type parmi ces quatre races? Je croirais volontiers que le *Datura Tatula ordinaire* doit être considéré comme tel; car par la fréquence de ses reproductions, dans mes expériences du moins, il domine les trois autres formes. Il est, du reste, parfaitement établi par l'observation que dans les plantes dont la couleur des corolles varie, ce sont généralement les individus à fleurs corolées qui sont les types et les individus à fleurs blanches qui constituent les variétés et les races.

Si les croisements entre les quatre formes végétales, qui viennent de nous occuper, ont donné constamment des produits d'une fertilité absolue, en serait-il de même de l'hybridation entre espèces de *Datura* incontestablement distinctes? M. Naudin, par lettre en date du 12 février 1865, a bien voulu me prévenir que, dans des expériences antérieures aux miennes, les hybrides des *Datura ferox L.* et *Bertolonii Parl.*, ceux de *Datura quercifolia H. B.* et *Stramonium L.* lui ont donné des capsules fertiles. J'admets parfaitement que trois des parents de ces hybrides sont des espèces légitimes. Ayant fécondé, en 1864, les unes par les autres des espèces de *Datura,* que je considère aussi comme spécifiquement distinctes, j'ai pu, en 1865, en observer les résultats, et, je me hâte de le dire, ils ont été conformes à ceux que M. Naudin m'a lui-même signalés. Je crois néanmoins devoir décrire ce que j'ai observé, d'autant plus que mes croisements sont en majeure partie différents des siens. Du reste, dans une question de cette nature, les détails ont une véritable importance. J'ai semé les graines de ces hybrides d'espèces dans mon jardin particulier, où je n'ai introduit aucune espèce légitime de *Datura,* ni aucun des métis dont j'ai parlé plus haut. Ces hybrides se sont donc trouvés dans des conditions d'isolement telles, qu'on ne peut soupçonner l'intervention accidentelle d'un pollen étranger.

1re *Expérience.* — Le *Datura lœvis L. fil. (non Bertol.)* (1) fécondé par le pollen du *Datura quercifolia H. B.* m'a donné de nombreuses graines qui ont germé. Six pieds seulement, faute de place, ont été conservés et m'ont tous présenté dans le cours de leur végétation des caractères identiques. La tige est très-fistuleuse comme chez la mère; elle est lavée de violet-brun non ponctué de blanc. Les feuilles par leur forme rappellent celles du père, mais elles sont un peu plus grandes; elles ont leur pétiole et leurs nervures lavés de violet, et, de plus, quand elles sont jeunes, elles présentent comme dans celles du *Datura quercifolia*, à leur base et sur la face supérieure une tache d'un vert-noirâtre, qui disparaît toutefois dans les jeunes feuilles qui se développent à la fin de l'été. La floraison est aussi tardive que dans le *Datura lœvis;* les corolles sont assez grandes, légèrement lavées de violet, avec les anthères de même couleur. Le plus grand pied s'est élevé à 1m·85 et ses branches se sont largement étalées, comme dans presque tous les hybrides d'espèces de *Datura;* ses deux premières bifurcations sont stériles, puis des fleurs se sont développées, mais n'ont

(1) Le *Datura lœvis L. fil.* que je cultive depuis plusieurs années se distingue du *Datura lœvis Bertol.* (*Datura Bertolonii Parl.*) par ses tiges trois fois plus élevées, largement fistuleuses; par son feuillage encore plus pâle et par sa floraison bien plus tardive.

pas toutes noué leurs fruits : sur 122 bifurcations que ce pied a produites, 19 capsules seulement se sont développées; elles sont très-disséminées d'abord, puis se rapprochent un peu vers l'extrémité des rameaux. J'ajouterai, et cela est vrai pour presque tous les hybrides d'espèces que j'ai observés dans ce genre, que les bifurcations ont leurs rameaux d'autant plus inégaux qu'elles sont placées plus haut. Un autre pied n'a noué aucune de ses fleurs et quatre n'ont produit de capsules qu'au sommet des rameaux. Ces capsules sont ovales, un peu atténuées, munies d'épines très-inégales, un peu écartées les unes des autres et analogues à celles du *Datura quercifolia*. Ces capsules sont pleines de graines qui, semées immédiatement, ont germé.

Cet hybride se rapproche plus du type paternel que du type maternel, mais il retient cependant quelques-uns des caractères du *Datura lœvis*, notamment sa tige très-fistuleuse et sa floraison tardive. Comme on le voit, sa fécondité est loin d'être complète, puisque des fleurs avortent et que le plus grand nombre de celles qui se montrent ne nouent pas leurs fruits.

2e *Expérience.* — Le *Datura Tatula capsulis spinosis* fécondé par le pollen du *Datura lœvis L. fil. (non Bertol.)* m'a donné des graines, qui, en 1865, ont parfaitement germé. Dix pieds furent conservés. La tige de cet hybride est fistuleuse, mais un peu moins largement que celle du *Datura lœvis;* elle est, au-dessous de la première bifurcation, d'un violet-brun finement ponctué de blanc (1) et ses branches sont légèrement lavées de brun. Feuilles analogues à celles du *Datura Tatula;* le pétiole est teinté de brun, mais cette coloration ne se montre qu'à la base des nervures principales; lorsque les feuilles sont jeunes, elles présentent à leur base et à leur face supérieure, comme celles de leurs ascendants, une tache d'un vert-blanchâtre. La floraison est aussi tardive que celle du *Datura lævis*. Les coroles sont presque blanches, mais pourvues intérieurement de trois lignes violettes longitudinales sous chacun des segments. Les anthères sont légèrement violettes. Les capsules sont ovoïdes-globuleuses, comme dans le type paternel, mais hérissées d'épines semblables à celles du *Datura Tatula*. Quelques capsules cependant, disséminées çà et là sur la tige, sont munies d'épines bien plus petites. Le pied le plus élevé mesure 1^{m}·35 et montre 49 bifurcations dont la moitié portent des capsules alaires remplies de bonnes graines. En général les deux premières bifurcations sont stériles; mais sur deux pieds la première bifurcation et pourvue d'une capsule fertile, quoique plus petite que d'habitude, mais la deuxième et la troisième sont stériles. Cet hybride est bien plus voisin du type maternel que du type paternel; il est, comme l'on voit, passablement fécond.

---

(1) Cette ponctuation est un caractère propre au *Datura Tatula*.

3e *Expérience.* — Les parents sont les mêmes que dans l'expérience précédente, mais les rôles ont été intervertis : c'est le *Datura lœvis L. fil.* qui a été fécondé par le pollen du *Datura Tatula capsulis spinosis.* Dix pieds ont été conservés. Cet hybride offre des caractères un peu différents de ceux du précédent : il ne dépasse pas la taille ordinaire du *Datura Tatula* et, par exception, les branches des bifurcations ne sont pas aussi inégales que d'habitude, si ce n'est sur un seul pied; mais sa tige est plus largement fistuleuse, généralement plus colorée et porte la fine ponctuation blanche propre au type paternel. Il a fleuri à la même époque que le *Datura Tatula* et par ses caractères il se rapproche beaucoup plus de cette espèce que du type maternel. Aussi est-il plus fertile que l'hybride précédent; car les bifurcations qui n'ont pas noué leur fruit sont aux capsules normales dans la proportion de 7 à 19. Sur les dix pieds, que nous avons observés, quatre ont fourni des capsules à la première bifurcation.

4e *Expérience.* — Le *Datura ferox L.* a été fécondé par le pollen du *Datura Bertolonii Parl.*, tous deux de taille peu élevée et ne mesurant habituellement que $0^{m}\cdot40$ à $0^{m}\cdot50$ de hauteur, tous deux à tige et à feuilles vertes et sans nuances de brun, ni de violet, tous deux à corolles et à anthères blanches. Cette opération nous a fourni un hybride d'une végétation vigoureuse, à branches des bifurcations largement étalées et d'autant plus inégales qu'elles sont placées plus haut. Sur les six pieds qui ont été conservés le plus grand a atteint la hauteur de $1^{m}\cdot90$. Les tiges sont grosses, inégalement lavées d'une teinte brune-violette, moins intense que dans le *Datura Tatula*, mais finement ponctuées de blanc, comme dans ce dernier type qui, pourtant, n'est pas intervenu dans le croisement. Les feuilles, par leur forme et par leur teinte pâle, rappellent celles du *Datura ferox*, mais elles sont plus grandes; leur pétiole est teinté d'un brun-violet, mais les nervures sont vertes. La corolle, un peu plus grande que dans les types producteurs, est légèrement lavée de violet et munie sous chaque lobe à sa face interne de trois lignes parallèles d'un beau violet. Les anthères sont violettes. Les capsules sont ovoïdes, moins grosses que dans le *Datura ferox*, hérissées d'épines assez longues et fortes, mais moins épaisses toutefois et plus nombreuses que dans le type maternel; ces capsules sont remplies de graines.

Ces plantes ont abondamment fleuri, mais beaucoup de fleurs sont tombées sans avoir noué leur fruit; celles-ci sont, relativement à celles qui ont produit des capsules fertiles dans la proportion de 10 à 8. Sur un pied un fruit s'est normalement développé à la première bifurcation, mais de nombreuses fleurs stériles se sont produites aux bifurcations suivantes. Sur les autres pieds c'est à la 3e, à la 5e et même à la 6e bifurcation que le premier fruit s'est montré; au-dessus il y a de fréquentes lacunes et enfin, c'est à l'extrémité des rameaux que les capsules ont été plus nombreuses.

Cette plante ne reproduit pas le type maternel dans son intégrité, bien que par la forme et par la teinte de ses feuilles, par les épines de ses capsules, il lui ressemble plus qu'au type paternel, le *Datura Bertolonii*. Mais un élément nouveau et fort inattendu s'est développé dans cet hybride, savoir : la coloration brune-violette parsemée de points blancs des tiges et des pétioles, la teinte violette des corolles et des anthères. D'où vient cet élément coloré, qui n'existait pas dans les parents immédiats? Un semblable fait souleverait des doutes dans mon esprit et je n'en croirais pas mes yeux, si je n'étais certain, en raison des précautions minutieuses que j'ai prises, qu'il n'y a eu aucune erreur commise et que c'est bien certainement le *Datura ferox* qui a été fécondé par le *Datura Bertolonii*. Du reste, ce qui enlève toute incertitude à cet égard, c'est que M. Naudin (1) a obtenu de son côté les mêmes résultats. Mais, si nous réfléchissons que le *Datura Bertolonii* n'est qu'une race, dont le type est vraisemblablement le *Datura Tatula*, et ce nouveau fait confirme encore notre opinion à cet égard; si nous

(1) Naudin, *in litt.*

ajoutons que les ponctuations blanches, dont la teinte brune-violette des tiges est parsemée, est particulière à ce même type, nous comprendrons facilement que si l'élément coloré n'existe pas en fait dans le *Datura Bertolonii*, il s'y trouve du moins *potentiellement*, s'il m'est permis de m'exprimer ainsi. La réapparition de ce caractère dans l'hybride ne serait donc qu'un phénomène d'*atavisme*, en attachant à cette expression le même sens que tous les physiologistes lui ont attribué.

5e *Expérience.* — J'ai fécondé le *Datura Bertolonii Parl.* par le pollen du *Datura ferox L.*, c'est-à-dire que j'ai opéré le croisement inverse du précédent entre les mêmes espèces. Les produits diffèrent peu de ceux que nous venons de décrire; ils offrent les même caractères de coloration, mais avec une intensité moindre, qui donne lieu aux mêmes conclusions. Les huit pieds, que j'ai conservés, sont vigoureux et abondamment fleuri, mais ce n'est qu'à la 6e, la 7e et 8e bifurcation que les fleurs ont commencé à nouer et ces fleurs fertiles ne sont ici, relativement aux fleurs stériles, que dans la proportion de 1 à 2.

Il résulte des faits, que nous venons d'exposer sur les croisements entre espèces incontestablement distinctes du genre *Datura*, que ces hybrides présentent, dès la première génération et par eux-mêmes, une fécondité partielle. Mais nous ferons observer, en même temps, qu'aucun de ces hybrides fertiles n'est exactement intermédiaire entre les parents qui leur ont donné naissance, que tous se rapprochent plus par leurs caractères de l'un des types générateurs que de l'autre et que cette fertilité augmente, comme le montre notre troisième expérience, lorsque la ressemblance avec l'un des ascendants se dessine davantage.

Nous ajouterons, enfin, que ces expériences nous semblent jeter un jour tout nouveau sur la question des races du *Datura Stramonium L.*

Mais là ne se sont pas bornées mes expériences d'hybridation, pendant les trois dernières années. J'en ai tenté de nouvelles sur des espèces appartenant à des genres que j'avais jusqu'ici négligés et j'en ai continué plusieurs qui m'occupaient depuis longtemps. Ce sont les faits observés dans ces dernières tentatives, qu'il me reste à exposer. Plusieurs d'entre eux, de même que les observations précédentes sur les hybrides de *Datura*, atténuent une conclusion trop absolue à laquelle m'avaient forcément conduit les résultats de mes expériences antérieures, trop peu nombreuses, il est vrai, et surtout trop peu variées; ils sont, dès lors, de nature à modifier sur un point les idées que j'ai émises sur la théorie de l'hybridité dans un précédent travail (1).

(1) Godron, *Annales des sciences naturelles*, 4e série, t. 19, p. 179.

J'ai fécondé, en 1863, des fleurs de *Dianthus chinensis L.* par le pollen du *Dianthus monspessulanus L.* var. *flore albo*. Les graines provenant des différentes fleurs fécondées artificiellement ont été mêlées et semées ensemble. Cet hybride a fleuri en 1864, mais il était tellement mélangé de *Dianthus chinensis,* qui avait levé avec lui, que je n'ai pas osé séparer les deux types au milieu de l'été, opération que je n'ai effectuée qu'aux approches de l'automne. L'hybride et sa mère ont donc fleuri entremêlés l'un à l'autre. Le premier s'est montré très-rameux et très-florifère; sa taille est intermédiaire à celle des parents et il en est de même de la forme de ses feuilles, mais il se rapproche davantage du type paternel par son port grêle et élancé, par son calice allongé et non renflé, par ses pétales aussi grands et presque aussi profondément laciniés, enfin par ses longues capsules. J'ajouterai que ses pétales ont la teinte rose habituelle à ceux du *Dianthus monspessulanus,* bien que la fécondation ait été opérée par le pollen de sa variété à fleurs blanches. Les capsules se sont normalement développées; la moitié d'entre elles sont restées complétement stériles, mais les autres m'ont fourni chacune quelques graines; plusieurs même en étaient remplies jusqu'au quart et même jusqu'au tiers de leur hauteur. Cette fécondité partielle pouvait s'expliquer par l'association étroite de l'hybride avec son type maternel et j'ai lieu de croire que cette influence n'a pas été étrangère aux résultats que nous allons indiquer (1). En effet ces graines semées en 1865 m'ont donné des

---

(1) On sait du reste qu'à l'état spontané le *Dianthus monspessulanus* se marie assez facilement aux autres espèces qui croissent en société avec lui. Dans notre *Flore de France* (t. 1, p. 240 et suivantes) nous avons signalé ses croisements avec les *Dianthus sylvaticus* et *neglectus;* mais nous avons depuis rencontré à St-Martin-du-Canigou (Pyrénées-Orientales) l'hybride qu'il forme avec le *Dianthus attenuatus ;* nous croyons devoir en donner la description :

Dianthus monspessulano-attenuatus Nob. Fleurs solitaires ou géminées, rapprochées au sommet des tiges et formant une panicule dichothome, à rameaux dressés. Écailles calicinales atteignant à peine le milieu du tube du calice, membraneuses aux bords, lancéolées, acuminées en une arête appliquée. Calice allongé, conique, finement strié, à dents lancéolées, aristées. Pétales non contigus, à limbe obové dans leur partie centrale non divisée, glabre à la gorge, fendu dans sa moitié supérieure et jusqu'au milieu en lanières étroites. Anthères oblongues. Capsules à peu près complétement mûres grêles, cylindriques, renfermant quelquefois 2 ou 3 graines. Feuilles fermes, étroites, linéaires atténuées en une pointe subulée, courbées en gouttière, rudes aux bords, élargies à la base, munies de 3-5 nervures. Souche vivace, ligneuse, grêle, très-rameuse, à divisions étalées, non radicantes, émettant des rameaux stériles courts, dressés et terminés par une rosette de feuilles, et des tiges fleuries arrondies, rameuses au sommet. — Plante de 2-3 décimètres, ayant le port du *D. attenuatus*, dont elle se distingue par sa souche plus grêle et moins ligneuse ; par ses écailles calicinales acuminées ; par ses pétales trois fois plus grands et profondément frangés.

Hab. Çà et là à St-Martin-du-Canigou, en société avec les *D. monspessulanus* et *attenuatus*. 4 août 1851.

plantes assez variées pour la grandeur et les couleurs des corolles, dont les unes sont simplement dentées et les autres un peu laciniées; mais la taille de la plante, son port, la forme et la teinte de ses feuilles, ses calices courts et un peu renflés, ses capsules moins allongées et plus larges que celles de l'hybride de première génération, rapprochent singulièrement les nouveaux produits obtenus du type maternel et plusieurs pieds ne peuvent même en être distingués. Par contre, aucun d'eux n'a fait un pas de plus vers le *Dianthus monspessulanus*. Ces circonstances sont de nature à confirmer mes craintes relativement à la fécondation probable de mon hybride par son type maternel, auquel il était étroitement mêlé. Mais, en 1865, mes pieds primitifs de *Dianthus monspessulano-chinensis*, débarrassés du voisinage de leur mère et complétement isolés dans mon jardin particulier, m'ont donné de nouvelles fleurs et celles-ci se sont montrées un peu fertiles, mais moins que celles de l'année précédente. Ces graines nouvelles seront semées l'année prochaine. Cette fois elles prouvent sans conteste que l'hybride a été fécond par lui-même, mais à un faible degré.

En 1863, j'ai fécondé le *Lychnis vespertina Sibth.* par le pollen du *Lychnis Preslii Hort. Ber.* Les graines obtenues ont été semées dans mon jardin et les pieds qui en sont provenus ont été complétement isolés de toute influence fécondante étrangère. En 1864, les pieds mâles ont seuls fleuri, mais avec une abondance remarquable, depuis le commencement de mai jusqu'en automne. Le calice est brunâtre; la corolle est plus grande et moins foncée en couleur que celle du *Lychnis Preslii;* elle est d'une belle teinte rosée. Cet hybride se rapproche du reste beaucoup du type paternel par la forme de ses feuilles, par ses tiges grêles, mais un peu plus élancées et ne paraît guère tenir de sa mère que les poils assez abondants qui couvrent ses tiges, et le vestimentum court de la face inférieure de ses feuilles, tandis que le type paternel est parfaitement glabre. En 1865 cette plante, qui est vivace, a fleuri de nouveau, mais cette fois les pieds femelles ont aussi donné des fleurs; ils sont beaucoup moins rameux et bien moins florifères que les pieds mâles et leur floraison dure bien moins longtemps. Le pollen s'est montré abondant dans les anthères. Les ovaires se sont gonflés; les capsules sont moins grosses que dans le *Lychnis vespertina* et en s'ouvrant elles étalent leurs dents en dehors, comme dans le *Lychnis Preslii.* Elles sont toutes remplies de graines, qui confiées à la terre immédiatement, c'est-à-dire à la fin de mai, ont parfaitement germé. Cet hybride si voisin du type paternel, complétement isolé de toute influence fécondante étrangère à lui-même, est donc doué, dès la première génération d'une fécondité qu'on peut considérer comme absolue.

Le *Lychnis vespertina Sibth.* fécondé aussi en 1863 par le pollen du *Lychnis diurna Sibth.* a produit un hybride qui a fleuri en 1864 et m'a donné des individus ressemblant à leur père, si ce n'est par sa taille moins élevée, par ses tiges et ses calices moins bruns et moins longuement velus, par la coloration moins vive des corolles, qui sont simplement rosées. La plante mâle m'a montré des anthères remplies de pollen et les pieds femelles ont abondamment grainé. Les semences confiées immédiatement à la terre m'ont donné, en 1865, un mélange de *Lychnis diurna* à corolles purpurines et de vrais *Lychnis vespertina* à fleurs blanches. Les deux types ont donc été reproduits à la seconde génération, en reprenant tous leurs caractères essentiels. Cet hybride a montré, comme le précédent, dès la première génération une fécondité absolue; mais aussi il se rapprochait étroitement par ses caractères du type paternel et ne devait à sa mère que l'atténuation de quelques uns des caractères accessoires de son père.

J'ai fécondé encore en 1863 le *Geum urbanum L.* par le pollen du *Geum rivale L.* et les graines obtenues n'ont été semées qu'au printemps suivant.

Les pieds de *Geum rivali-urbanum* que j'en ai obtenus ont atteint une taille plus élevée que celle de leurs ascendants. Les fleurs sont très-nombreuses et n'ont fleuri qu'en 1865; un peu plus grandes que celles du *Geum rivale*, elles sont penchées comme dans cette dernière espèce. Le calice est brun, à divisions dressées-étalées. Les pétales sont grands, orbiculaires-cunéiformes, très-brièvement onguiculés, d'abord disposés en godet, comme dans le *Geum rivale*, puis étalés, jaunes sur leurs deux faces, se colorant ensuite d'un fauve brun à la face inférieure. Les anthères sont pourvues de pollen normal. Un vingtième des fleurs est resté stérile et les autres ont bien fructifié. Les carpelles sont velus, ainsi que la base de l'arête; il n'y a pas de carpophores; ces carpelles renferment chacun une graine bien conformée; quelques-unes de ces graines confiées à la terre au moment de leur maturité ont germé; mais les jeunes plans placés en plein soleil ont succombé par les chaleurs tropicales de l'été. Les graines qui restent seront semées au printemps. La tige est forte,· très-rameuse supérieurement, brune vers le haut et porte des feuilles assez nombreuses. Cet hybride ressemble peu à sa mère et se rapproche beaucoup plus par ses caractères du type paternel. Il paraît se produire spontanément dans les bois, lorsque les deux espèces génératrices sont en présence; c'est le *Geum rubifolium Lej.*, plante variable lorsqu'on la propage de graines, ce qui confirme l'appréciation des auteurs qui la considèrent comme un hybride spontané.

En même temps que je pratiquais l'hybridation précédente, j'ai fécondé aussi des fleurs de *Geum urbanum* par le pollen du *Geum coccineum Ser.* et j'ai obtenu de cette opération le *Geum coccineo-urbanum.* Il a pour le port la plus grande ressemblance avec l'hybride précédent. Son calice est réfléchi et ses pétales sont d'un rouge faux en dessous. Il se rapproche aussi beaucoup du type paternel et il est aussi fertile que l'hybride précédent. Semées à l'ombre, ses graines m'ont donné des pieds assez développés pour que je puisse espérer les voir fleurir en 1866.

Ces deux hybrides ont été plus précoces que leurs ascendants et ont commencé à fleurir dès la fin d'avril, du moins en 1865. Je n'ai pas besoin d'ajouter que, de même que mes hybrides de *Lychnis,* ils ont été complétement isolés dans mon jardin d'expériences et je ne puis douter qu'ils soient devenus féconds par eux-mêmes.

J'arrive maintenant aux hybrides qui se sont montrés stériles à la première génération.

Les plantes du genre *Mimulus* semblent faciles à féconder, en raison de l'irritabilité de leur stigmate, dont les lèvres saisissent et retiennent facilement le pollen. Mais les espèces de ce genre sont loin d'avoir été élucidées et quelques-unes ont subi par la culture des variations qui en rendent la détermination difficile. Le *Mimulus luteus L.* type nous est bien connu et généralement il est répandu sous son vrai nom dans les jardins botaniques. C'est lui qui s'est naturalisé dans quelques vallées des Vosges et sur plusieurs autres points de l'Europe. Linné cite, du reste, la figure donnée par Louis Feuillée (1), où cette plante est assez nettement représentée, bien que la grandeur de la fleur y ait été un peu exagérée. Sa corolle est plus longue que large, sa gorge n'est pas évasée et sa couleur est uniformément jaune, si l'on en excepte quelques fines ponctuations brunes qu'on observe ordinairement sur le palais à l'entrée de la gorge. Tous les organes de la végétation ainsi que le calice, sont uniformément d'un vert gai, sans teintes étrangères.

En 1863, j'ai fécondé ce *Mimulus luteus* par un *Mimulus* cultivé depuis longtemps dans nos jardins, où il paraît avoir donné dans le dessin et la coloration de ses corolles un grand nombre de variétés indiquées dans les catalogues de nos horticulteurs sous les noms de *M. guttatus, variegatus, quinquevulnerus, speciosus,* etc. La forme, dont j'ai employé le pollen pour féconder le *Mimulus luteus* se distingue aux caractères suivants : fleurs grandes, assez longuement pédonculées; calice brunâtre sur ses angles et sur sa face postérieure; corolle aussi large que longue, à gorge très-évasée, à lobes du double plus larges que

(1) L. Feuillée, *Journal des observations physiques, mathématiques et botaniques faites dans l'Amérique méridionale;* Paris, 1714, t. 1, fig. 34.

longs, se recouvrant et portant chacun, sur un fond général jaune, une large macule d'un brun vif, nettement circonscrite; style presque glabre, ainsi que les filets des étamines; tige lavée de brun sur les angles; la teinte verte des feuilles est plus foncée que dans le *Mimulus luteus*. Bien que les macules de la corolle varient aujourd'hui dans nos cultures, le type ancien, tel qu'il se montrait et se propageait à l'époque de son introduction, existe dans mon herbier depuis une trentaine d'années. Ce type est, du reste, représenté parfaitement dans une figure coloriée du *Botanical Register* (mai 1834, tab. 1674, fig. 6) sous le nom de *Mimulus Smithii*. Il est vrai que G. Smith le considère comme un hybride; mais à cette époque, et même encore aujourd'hui, les horticulteurs donnent souvent cette qualité à des plantes qui ne sont en aucune façon des produits adultérins. Le *Mimulus Smithii* n'est certainement pas un hybride puisqu'il s'est conservé jusqu'aujourd'hui et je le cultive depuis quatre années.

Quoi qu'il en soit, j'ai obtenu de la fécondation opérée entre les deux plantes, dont il est ici question, une centaine de pieds d'un hybride qui par ses caractères est intermédiaire entre les parents et qui a magnifiquement fleuri en 1864 et en 1865. Ses fleurs sont plus grandes que celles des ascendants; son calice est légèrement lavé de brun sur les angles; sa corolle a la gorge moins évasée que dans le type paternel et plus que dans le type maternel; elle présente sur un fond jaune de nombreuses ponctuations d'un jaune fauve et sur chacun de ses lobes une large macule de même couleur, bien circonscrite sur les trois lobes inférieurs, mais souvent confluente avec sa voisine aux deux lobes supérieurs ; le pollen faisant complétement défaut dans les anthères, toutes les fleurs sont restées stériles. Il y a plus : c'est en vain qu'en 1864 et en 1865 j'ai tenté de féconder les fleurs de cet hybride par le pollen de sa mère, le *Mimulus luteus*; j'ai échoué dans toutes mes tentatives pour le rendre fécond. M. Naudin, auquel j'en ai adressé un pied, a de son côté essayé inutilement d'en opérer la fécondation. Ainsi donc, de ce croisement entre deux espèces assez voisines pour qu'elles aient été confondues, j'ai obtenu des produits d'une stérilité absolue et dont je ne connaissais jusqu'ici d'exemples que dans les hybrides de *Verbascum* (1).

J'ai continué mes expériences sur l'hybridation des *Digitalis*. Jusqu'ici j'ai pu faire avec succès plusieurs croisements entre les espèces de ce genre qui croissent naturellement en France, expériences d'autant plus intéressantes qu'elles se font parfois spontanément à

(1) Godron, dans les *Annales des sciences naturelles*, 4e sér. t. 19, p. 170.

l'état sauvage, et qu'il est possible ainsi de confirmer ou d'infirmer les idées émises par les auteurs sur la parenté de ces bâtards végétaux.

Le *Digitalis lutea L.* fécondé par le pollen du *Digitalis purpurea L.* m'a donné la plante spontanée décrite par Roth (1) sous le nom de *Digitalis purpurascens* et que Meyer (2), qui a bien reconnu les parents, ainsi que le rôle réciproque qu'ils ont joué, a nommé avec raison *Digitalis purpureo-lutea.* Lejeune (3) décrit la même plante, qu'il a observée spontanée dans les Ardennes, sous le nom de *Digitalis longiflora*, qui lui conviendrait bien si ne n'était un hybride, car la corolle, d'une teinte fausse et plus pâle que celle du *Digitalis purpurea*, est, en effet, plus allongée que celle du type paternel, caractère qu'elle tient sans aucun doute du *Digitalis lutea* qui a cet organe quatre fois aussi long que large.

Le *Digitalis grandiflora Lam. (D. ambigua Murr.)* fécondé par le pollen du *Digitalis lutea L.* m'a donné un hybride, très-bien décrit par Roth (4), qui l'a observé à l'état spontané, sous le nom de *Digitalis media*, ce qui me dispense d'en donner la

---

(1) Roth, *Catalecta botanica*, fasc. 2 (1800), p. 62.

(2) G.-F.-W. Meyer, *Chloris Hanov.* 1836, p. 324.

(3) Lejeune, *Revue de la flore des environs de Spa*; Liége, 1824, p. 126.

(4) Roth, *ibidem*, p. 60.

description. Je possède cet hybride du Jura; il est, si l'on en excepte un peu moins de pubescence, semblable à mon hybride artificiel.

Le croisement inverse, c'est-à-dire la fécondation du *Digitalis lutea L.* par le pollen du *Digitalis grandiflora Lam.*, a donné naissance à un hybride dont je crois devoir indiquer les caractères : grappe moins longue que dans l'hybride précédent, mais plus que celle du type paternel, assez fortement pubescente-glanduleuse. Fleurs étalées horizontalement. Calice à divisions linéaires-lancéolées. Corolle à peine plus longue que celle du *Digitalis lutea,* mais bien plus large et assez fortement renflée au ventre, sans atteindre toutefois la largeur du *Digitalis grandiflora,* jaune avec marbrures fauves à la gorge. Anthères vides de pollen. Ovaire pubescent glanduleux. Feuilles lancéolées, pubescentes sur les bords et sur les nervures; les supérieures sessiles demi-embrassantes. Tige très-feuillée, couverte de poils mous et articulés. Cet hybride à peu près intermédiaire aux parents est stérile. Il se produit à l'état spontané et j'en possède un échantillon recueilli par M. Bavoux aux environs de Besançon.

J'ai obtenu aussi l'hybride du *Digitalis grandiflora Lam.* fécondé par le pollen du *Digitalis purpurea L.* Il est de taille élevée; sa grappe surtout s'allonge démésurément, comme cela a lieu, du reste, dans presque tous les hybrides de Digitales. Son calice est velu, à divisions linéaires-oblongues, aiguës. La corolle a les proportions et la grandeur de celle du *Digitalis purpurea;* elle est d'un pourpre pâle et faux, un peu jaunâtre intérieurement et à la base; ces couleurs pâlissent encore plus sous l'action d'un soleil ardent. Les organes de la végétation ont, au contraire, les plus grands rapports avec le type maternel. Cette plante est vraiment intermédiaire aux parents. Je l'ai obtenue, en 1857, et bien que le pied primitif ait péri après sa cinquième année d'existence, j'ai pu la conserver, l'ayant préalablement multipliée par bouture et par greffe sur les racines du *Digitalis grandiflora* et depuis huit années elle s'est montrée absolument stérile par elle-même.

Cet hybride n'a pas les caractères du *Digitalis flulva Lindl.* Celui-ci ne provint donc pas du croisement des *Digitalis grandiflora Lam. et purpurea L.,* comme Walpers l'affirme cependant « *absquè dubio* » (1).

Les hybrides, qui sont provenus de ces croisements entre espèces distinctes du genre Digitalis, tiennent à la fois par leurs caractères des deux espèces génératrices et à peu près au même degré. Ils sont stériles et cependant les capsules se développent, s'ouvrent

---

(1) Walpers, *Repertorium botanices systematicæ;* Lipsiæ, 1844, t. 3, p. 257.

même comme les capsules fertiles des espèces légitimes à la maturité; mais les placentas sont seulement couverts d'ovules desséchés. J'ajouterai que la grandeur de la fleur m'a paru déterminée par celle du type mâle (1). J'ai tenté à plusieurs reprises de féconder ces hybrides de première génération, par le pollen de leurs ascendants et je n'ai réussi que trois fois; je dois rendre compte des résultats de cette seconde fécondation.

En 1859, du pollen de *Digitalis purpurea L.* a été déposé sur plusieurs stigmates du *Digitalis purpureo-grandiflora* qui commençaient à entr'ouvrir leurs lèvres, et cette opération m'a fourni quelques graines, qui ont donné naissance à deux pieds d'un hybride d'hybride. Ces deux végétaux, très-bien portants, ont fleuri, la seconde année; mais ont péri en même temps et brusquement au jardin des plantes de Nancy, au moment où ils étaient en pleine floraison. L'un était atteint de phyllomanie; l'autre régulièrement développé a été recueilli déjà flétri et je le conserve en

---

(1) En me fondant sur cette donnée et aussi sur la forme et la coloration de la corolle, je crois pouvoir considérer comme certain que l'hybride de Digitale figuré par M. Naudin, dans les *Nouvelles Archives du Muséum* (t. 1, tab. 2, fig. 5) et dont il ne connaît pas l'origine, résulte, comme l'auteur le soupçonne, de la fécondation du *Digitalis purpurea* par le pollen du *Digitalis lutea;* ce serait l'hybride inverse du *Digitalis purpurascens Roth.*

herbier. J'ai pu néanmoins constater que la fleur était très-allongée et étroite, d'un pourpre aussi foncé que dans le *Digitalis purpurea;* le pollen m'a paru assez abondant et normal; les feuilles présentaient la forme et le vestimentum du type doublement paternel.

J'ai réitéré tous les ans ces tentatives d'une nouvelle hybridation sur quelques fleurs par le pollen du type paternel et sur d'autres fleurs par le pollen du type maternel, pour reprendre la suite de cette expérience malheureusement interrompue et j'ai obtenu des graines du premier croisement en 1862 et du second en 1863. On voit par là que cette nouvelle fécondation est loin d'être aussi facile qu'elle le semble et ne réussit pas à chaque tentative.

Quoi qu'il en soit les pieds de *Digitalis purpureo-grandiflora* refécondés par le pollen du *Digitalis purpurea* ont mis trois ans à fleurir; ils ont tous été atteints de phyllomanie, ont produit à leur base une rosette de feuilles très-nombreuses et rapprochées; les tiges ne se sont élevées qu'à $0^{m}\cdot30$ et $0^{m}\cdot35$; la grappe était pauciflore; les corolles présentaient la même forme et la même coloration que dans l'expérience antérieure; les étamines étaient toutes transformées en pétales; la fécondation naturelle devenait impossible. En sera-t-il de même l'année prochaine? L'avenir nous le dira.

La fécondation du *Digitalis purpureo-grandiflora*

par le pollen du type maternel, m'a donné des résultats plus décisifs. Les pieds, que j'ai obtenus de cette seconde génération, ont normalement fleuri la deuxième année, dans mon jardin particulier. Comme on devait s'y attendre, les produits se sont rapprochés beaucoup plus du *Digitalis grandiflora;* les tiges se sont élevées à $1^{m}\cdot55$ et sont velues-glanduleuses; les fleurs sont grandes; le calice finement glanduleux a ses divisions étroites, linéaires, aigues; la corolle est jaune avec des marbrures fauves à la gorge, très-ouverte, mais brusquement atténuée en tube plus long que dans le type maternel; les étamines sont pourvues d'un pollen abondant; les capsules se sont modérément gonflées et renferment un nombre moins considérable de graines que celles des espèces légitimes; ces graines toutefois paraissent bien conformées et fertiles.

J'ajouterai que plusieurs hybrides de Digitales se sont développés spontanément au jardin des plantes de Nancy depuis que je le dirige. Ces croisements sont d'autant plus faciles que les espèces s'y trouvent rapprochées les unes des autres et qu'elles sont fréquentées par les hyménoptères. C'est ainsi que j'ai vu développer autrefois dans ce jardin le *Digitalis purpureo-lutea*, qui a vécu pendant plusieurs années et en 1865 deux nouveaux hybrides du même genre y ont fleuri. Je crois pouvoir les rapporter avec beaucoup de vraisemblance, l'un au *Digitalis lævigato-gran-*

diflora (Digitalis fuscescens Waldst. et Kit.); l'autre révèle assez bien l'intervention du *Digitalis lutea*, mais le second parent m'est inconnu; les graines qui ont produit le second hybride nous sont arrivées sous le nom de *Digitalis aurea*, mais il n'en a pas les caractères et présente ceux des hybrides de ce genre. Je n'ai pas besoin d'ajouter que ces hybrides spontanés de première génération nous ont donné des grappes florales très-allongées, qui ont fleuri longtemps et que leurs fleurs se sont montrées aussi stériles que sur ceux qui ont été obtenus par nous au moyen de la fécondation artificielle.

Mes hybrides de *Linaria purpureo-genistæfolia* après m'avoir donné des variétés extrêmement nombreuses et des retours fréquents, d'une part aux deux types générateurs et d'une autre au *Linaria striata*, qui s'est trouvé dès l'origine mêlé avec eux, ont été abandonnés sans culture depuis trois ans et se sont mal reproduits pendant cet intervalle; il n'en existe plus que onze pieds assez chétifs. Ils paraissent donc destinés à périr, si la main de l'homme ne les protége.

Mon *Linaria striato-vulgaris*, obtenu en 1861 par fécondation artificielle et dont j'ai parlé dans mes précédentes publications (1), est toujours vivant. Provenant

---

(1) Godron, *Annales des sciences naturelles*, 4e sér., t. 19, p. 154.

de deux espèces à stolons souterrains, il est doué d'une vigueur de végétation très-remarquable, et je me vois, chaque année, dans l'obligation de réprimer son humeur envahissante; il s'étend tellement par ses rejets que les deux ou trois pieds conservés couvrent à l'automne une surface de 4 à 5 mètres carrés. Je n'ai jamais vu une exubérance aussi exceptionnelle et qui dépasse de beaucoup tout ce que l'on sait du Chiendent, des Fraisiers, du *Convolvulus arvensis,* etc. Il a continué à vivre dans le voisinage du *Linaria striata L.* et les deux plantes sont visitées pendant tout l'été par de nombreux hyménoptères. Cet hybride me donne, chaque année, quelques capsules fertiles, mais dont les graines reproduisent invariablement le *Linaria striata.* Il nous semble que cette fertilité exceptionnelle nous révèle l'intervention des Abeilles et des Bourdons, et cette appréciation est encore confirmée par le fait suivant. Un pied de ce *Linaria striato-vulgaris* transporté dans mon jardin particulier, où je n'ai jamais cultivé aucune espèce de ce genre, est resté complétement stérile pendant les deux premières années; j'en ai obtenu quelques graines en 1864, mais elles n'ont pas germé, bien que semées en même temps et sous la même bâche que mes autres graines d'hybrides qui ont parfaitement réussi. Je suis donc de nouveau conduit à penser que cet hybride est stérile par lui-même; mais je ferai remarquer, qu'il est, par ses caractères véritablement intermédiaire aux parents qui lui ont donné naissance (1).

Après avoir reproduit à deux reprises l'*Ægilops speltæformis*, semblable à celui de M. Fabre, j'ai continué à le planter chaque année, sans quoi, lorsqu'on l'abandonne à lui-même, ses épis tombent sur le sol, mais ne pouvant s'y introduire par eux-mêmes comme les épis d'*Ægilops ovata*, ils restent étendus à la surface. Pendant les pluies d'automne ses graines germent quelquefois dans l'épi, mais les racines des jeunes plants écartées de la terre par la divergence des barbes ne l'atteignent que superficiellement et les pieds ainsi déchaussés dès l'origine, se dessèchent et périssent bientôt. Cette expérience renouvelée tous les ans m'a donné constamment les mêmes résultats. Serait-ce notre climat qui s'opposerait à ce que ces jeunes plantes pussent parcourir toutes les phases de leur végétation. Mais tous les ans je plante un certain nombre de ces épis en automne; leurs graines germent avant la saison rigoureuse et arrivent à bien l'été suivant. J'ai même à la fin de juin 1864 enfoui en terre des épis recueillis l'année précédente; les jeunes pieds

(1) J'ajouterai que j'ai pu aussi recueillir quelques graines de cet hybride isolé, en 1865; elles ont été semées en février sous bâche chaude, et aujourd'hui (25 avril 1866) elles n'ont pas levé, bien que les graines d'espèces de ce genre, confiées à la pleine terre, aient toutes germé depuis longtemps.

qui en sont provenus ont poussé beaucoup de feuilles, mais n'ont pas monté en tige; ils ont parfaitement supporté un hiver long et rigoureux et en 1865 ils ont magnifiquement fleuri et fructifié. Ces pieds étaient beaucoup plus robustes que ceux qui proviennent d'un semis d'automne et surtout de ceux que donnent les semis sous bâche en février.

L'*Ægilops speltœformis* ne peut donc pas se propager par lui-même, il a besoin de l'intervention de l'homme et il périt si elle lui fait défaut. Cette plante n'est donc pas un type spécifique, puisqu'elle manque d'un des attributs *essentiels* de l'espèce. J'ajouterai qu'un certain nombre de pieds se montrent stériles presque chaque année, en nombre plus ou moins notable et ceci est vrai non-seulement de l'*Ægilops speltœformis* fabriqué au jardin des plantes de Nancy, mais aussi de celui de M. Fabre. Dans ce cas les épis ne se rompent pas à la base, comme cela a lieu constamment pour les épis fertiles. J'ai lieu de penser que ce sont des pieds semblables que M. Dunal a autrefois considéré comme un retour complet de l'*Ægilops triticoïdes* (1) au blé et dont j'ai vu chez lui, en 1852, une petite botte envoyée par M. Fabre. Je n'ai pas étudié ces échantillons en détail, mais j'ai constaté du moins un

---

(1) On n'avait pas encore distingué alors l'*Ægilops speltœformis* de l'*Ægilops triticoïdes*.

caractère saillant sur lequel insistait M. Dunal, savoir : que l'épi, de même que je l'ai vu depuis sur mes *Ægilops spleltœformis* stériles, ne se rompait pas à la base, ce qui n'a pas empêché que les autres pieds n'aient continué à se propager jusqu'à nos jours, en conservant leurs caractères et leur fertilité. J'ai cultivé de nouveau, en 1865, après une longue interruption (1) la 23e génération de la plante de M. Fabre; il est toujours le même qu'autrefois et toujours semblable aux deux séries d'*Ægilops speltœformis* fabriqués au jardin de Nancy.

Il reste évident pour moi, que si cet *Ægilops* se comporte autrement dans ses allures que les hybrides ordinaires, et il n'est pas le seul, il manque d'un des caractères essentiels de l'espèce, celui de pouvoir se propager sans le secours de la main de l'homme.

Bien qu'il ne puisse me rester aucun doute sur la nature hybride de ce végétal, après l'avoir reproduit deux fois semblable à celui de M. Fabre, j'ai cru devoir reprendre ces expériences concurremment par deux procédés distincts, la fécondation artificielle et la fécondation spontanée. Je me réserve, lorsqu'elles seront

---

(1) Si j'ai cessé pendant longtemps de cultiver l'*Ægilops* de M. Fabre, c'était pour éviter toute confusion avec ceux que j'ai obtenus par la fécondation artificielle et que je désirais être certain de conserver purs.

terminées, de publier un travail d'ensemble sur ces hybrides.

Des faits consignés dans ce Mémoire et de ceux que j'ai publiés précédemment sur le même sujet on peut tirer, ce me semble, les conclusions suivantes :

1° Les hybrides, qui par leurs caractères paraissent intermédiaires aux espèces génératrices, se montrent habituellement stériles;

2° Ces hybrides stériles par eux-mêmes peuvent souvent devenir fertiles par une nouvelle fécondation résultant du transport sur leur stigmate du pollen de l'un des parents ou d'une plante congénère voisine;

3° Les hybrides stériles qui ne se prêtent pas à une nouvelle fécondation, dans les conditions indiquées au paragraphe précédent, sont rares et doivent être considérés comme frappés d'une stérilité absolue;

4° Les hybrides qui participent à la fois, mais dans des proportions plus ou moins inégales, des caractères de leurs ascendants, présentent ordinairement par eux-mêmes une fertilité partielle, d'autant plus développée, que ces hybrides se rapprochent davantage de l'un des parents;

5° Les hybrides, qui reproduisent dès la première génération les caractères de l'un des parents, à l'exclusion complète ou à peu près complète, des caractères de l'autre parent, sont doués généralement d'une fertilité absolue;

6° Les hybrides fertiles retournent, tantôt dès la première ou la seconde génération, tantôt au bout d'un temps plus ou moins long et successivement à l'un des types générateurs ou périssent quand on les abandonne à eux-mêmes;

7° Ils ne peuvent pas dès lors devenir l'origine d'espèces nouvelles.

PRINCIPAUX OUVRAGES DE L'AUTEUR.

De l'espèce et des races dans les êtres organisés et spécialement de l'unité de l'espèce humaine; 1859 2 vol. in-8°.

Flore de France, par Grenier et Godron; 1847-1856, 6 vol. in-8° en trois tomes.

Flore de Lorraine; seconde édition, 1857, 2 vol. in-12.

Florula Juvenalis; ou énumération des plantes étrangères qui croissent naturellement au port Juvénal près de Montpellier, 1854, in-8°, de 115 pages.

Géographie botanique de la Lorraine; 1862, 1 vol, in-12.

Zoologie de la Lorraine; 1863, un vol. in-12.

Recherches expérimentales sur l'hybridité dans le règne végétal; 1863, in-8°.

De la végtation du Kaiserstuhl dans ses rapports avec celle des coteaux jurassiques de la Lorraine; 1864, in-8°.

Etude ethnologique sur les origines des populations lorraines; 1862, in-8°.

Mémoire sur les Fumariées, à fleurs irrégulières et sur la cause de leur irrégularité; 1864, in-8°, avec planche.

Mémoire sur l'inflorescence et les fleurs des Crucifères; 1865, in-8°, avec planche.

Mémoire sur la pélorie des Delphinium; 1865, in-8°.

Observations sur les bourgeons et sur l'inflorescence des Papilionacées; 1865, in-8°.

Recherches sur les animaux sauvages qui habitaient autrefois la chaîne des Vosges; 18[illegible]6, in-8°.

www.ingramcontent.com/pod-product-compliance
Ingram Content Group UK Ltd.
Pitfield, Milton Keynes, MK11 3LW, UK
UKHW021956260726
13994UKWH00004B/1773